Dennis Bausch

Nachtragsmanagement. Anforderungen und Kalkulation von Nachträgen

GRIN Verlag

Bibliografische Information der Deutschen Nationalbibliothek:

Die Deutsche Bibliothek verzeichnet diese Publikation in der Deutschen Nationalbibliografie; detaillierte bibliografische Daten sind im Internet über http://dnb.d-nb.de/ abrufbar.

Impressum:

Druck und Bindung: Books on Demand GmbH, Norderstedt Germany
ISBN: 978-3-656-90608-7

Dieses Buch bei GRIN:

http://www.grin.com/de/e-book/288733/nachtragsmanagement-anforderungen-und-kalkulation-von-nachtraegen

Nachtragsmanagement. Anforderungen und Kalkulation von Nachträgen

Vorgelegt von: Dipl.-Ing. Dennis Bauscher

Inhalt

1. Nachtragsmanagement

In der alltäglichen Baupraxis spielen Nachträge eine sehr große Rolle. Kaum ein Bauvorhaben wird ohne Nachträge abgewickelt, da sich im Laufe einer Bauphase sehr oft Veränderungen der Leistung und der Rahmenbedingungen ergeben. Es ist zu beobachten, dass die Bauvertragspartner im Umgang mit dem so genannten Nachtragsmanagement immer wieder erhebliche Schwierigkeiten haben. Resultat daraus ist in vielen Fällen, dass bei einer späteren, oftmals gerichtlichen Auseinandersetzung dem AN häufig zusätzliche Vergütungsansprüche aberkannt werden.

Im Zuge der Nachtragsbehandlung ist aufzuweisen, auf welcher Rechtsgrundlage der geschlossene Vertrag basiert. Bei einem BGB – Vertrag können Leistungsänderungen nur im Einverständnis beider Vertragspartner getroffen werden. Bei einem VOB – Vertrag hat der AG nach dem § 1 Nr. 3 VOB/B das Recht, einseitig den Vertrag zu ändern, indem er Änderungsanordnungen trifft oder zusätzliche Leistungen fordert. Der AN erhält dann bei Abschluss eines Vertrages auf der Grundlage der VOB automatisch einen Vergütungsanspruch.

Kernziel eines vernünftigen Nachtragsmanagements müsste sein, alle Vereinbarungen über die Vergütungsänderungen und die daraus resultierenden Kosten vor Beginn der Arbeiten zu treffen. Ist das nicht der Fall, ist der AN häufig dazu gezwungen, diese Mehrvergütungsansprüche langfristig vorzufinanzieren. Das ist dann mit weiteren erheblichen Mehrkosten verbunden. Ferner ist es nach Ende der Arbeiten immer sehr schwer, mit dem AG eine Einigung über die Vergütung zu erzielen, da der AN das „Druckmittel" der Arbeitsverweigerung nicht mehr zur Verfügung hat. Eine Einstellung der Arbeiten kann der AN aber nur dann begründen, wenn der AG sich ganz und gar den Mehrvergütungsansprüchen verschließt. Beauftragt der AG die Nachtragsleistung dem Grunde nach, ohne eine Vereinbarung über die Preise zu treffen, hat der AN nicht das Recht zur Einstellung der Arbeiten.

Um die Ziele der eindeutigen Klärung der Sachverhalte vor Beginn der Arbeiten durchzuführen, bedarf es der Schaffung eines gewissen Verfahrensablaufes. Ebenso müssen die Rechte und Pflichten der Bauvertragspartner bzw. deren Erfüllungsgehilfen eindeutig geklärt werden. Die Vollmachten der Architekten des AG sowie auch die Rechte der Bauleiter des AN müssen im Vorfeld eindeutig geklärt werden. Häufig fängt der Streit um einen Nachtrag schon bei den Handlungen und Weisungen an, die zu dieser Mehrbelastung geführt haben. Es darf dabei nicht vergessen werden, dass ein Vertreter ohne Vertretungsmacht, beispielsweise ein vollmachtlos handelnder Architekt, für den entstandenen Schaden in Haftung genommen werden kann.[1]

1.1. Anforderungen an das Nachtragsmanagement

Die Anforderungen an ein ordentliches Nachtragsmanagement sind sehr vielseitig. Neben einem gewissen „Fingerspitzengefühl" im Umgang mit dem AG sind die Anforderungen beim Nachtragsmanagement wichtig, die bei einer gerichtlichen Auseinandersetzung ein Gericht an das Nachtragswesen stellen wird. Dies ist in erster Linie eine ordnungsgemäße Dokumentation.

Die Dokumentation sollte stets zeitnah erfolgen, damit sie besser nachprüfbar ist und einen hohen nachträglichen Arbeitsaufwand vermeidet. Bestens zur Dokumentation ist beispielsweise das Bautagebuch geeignet. Änderungsanordnungen des Bauherrn bzw. eines Erfüllungsgehilfen können dort sehr klar vermerkt werden. Es ist jedoch wichtig, dass eine Kopie des Bautagebuches dem AG täglich bzw. wöchentlich zugestellt wird. Aber auch Besprechungsprotokolle eignen sich hervorragend zur Dokumentation und zur gleichzeitigen Information des AG. Eine ordnungsgemäße Dokumentation wirkt sehr oft Streit vermeidend, da bereits im Vorfeld einer gerichtlichen Auseinandersetzung die Sachverhalte klar und eindeutig geschildert werden können und somit u.U. ein gerichtliches Verfahren überflüssig wird.

Die Vorlage von Urkunden (Schriftstücke) ist in einem Prozess oftmals das einzig glaubhafte Beweismittel. Zeugen sind zwar nach den Regelungen der Zivilprozessordnung (ZPO) zugelassen, werden aber in einem Bauprozess vom Gericht häufig als qualitativ schlechtes Beweismittel angesehen.

Werden Nachträge zum Streitfall zwischen den Vertragspartnern, müssen sie trotzdem bei der Schlussrechnungsstellung aufgeführt werden. Ein fehlender Vorbehalt in der Schlussrechnung kann dazu führen, dass die Ansprüche verfallen. Ebenso kann ein Nachtrag grundsätzlich noch bis zur Schlussrechnung gestellt werden. Der Zeitpunkt der Abnahme ist dabei nicht von Bedeutung. Es muss also bei einer Schlussrechnungsstellung stets überprüft werden, ob noch Nachtragsangebote gestellt bzw. in der Schlussrechnung aufgeführt werden müssen.

a) Ankündigung der Ansprüche

Der Auftragnehmer reicht häufig bei einer Änderung des Bauentwurfs oder anderen Anordnungen des AG ein Nachtragsangebot ein. Dies ist auch gleichzeitig die

[1] § 179 BGB

Mitteilung, dass eine Vergütungsänderung verlangt wird. Generell muss bei einer zusätzlichen Leistung im Sinne des § 2 Nr. 6 VOB/B der Anspruch der Vergütungsänderung angekündigt werden. Die Ankündigung vor Beginn der Arbeiten ist eine Anspruchsvoraussetzung. D.h. ohne die Ankündigung einer zusätzlichen Vergütung (§ 2 Nr. 6 VOB/B) vor Beginn der Arbeiten hat der AN keinen Anspruch auf den Lohn für seine erbrachte Leistung. Nur in Ausnahmefällen kann bei einer Anspruchsgrundlage nach § 2 Nr. 6 VOB/B auf die Ankündigung vor Beginn der Arbeiten verzichtet werden.

Anders stellt sich der Sachverhalt bei einem Nachtrag auf der Grundlage von § 2 Nr. 5 VOB/B dar. Hier soll die Ankündigung der Vergütungsänderung vor Beginn getroffen werden. Es liegt keine Anspruchsvoraussetzung vor, d.h. der Anspruch muss nicht zwingend vor Beginn der Arbeiten angekündigt werden. Die Empfehlung an ein ordnungsgemäßes Nachtragsmanagement lautet aber, den Anspruch auf eine Vergütungsänderung immer vor Beginn der Arbeiten anzukündigen.

Handelt es sich um einen Fall des § 2 Nr. 3 VOB/B, Änderung der Einheitspreise aufgrund von Mehr- oder Mindermengen, muss der AN den Anspruch auf Änderung der Vergütung nicht vor Beginn der Arbeiten ankündigen. Der Vertragspartner, der eine Änderung des Einheitspreises verlangt, muss aber eine eindeutige Willenserklärung abgeben. Dies ist bis zur Anerkennung der Schlussrechnung möglich. Danach kann das Verlangen des AN nicht mehr berücksichtigt werden, da mit Anerkennung der Schlussrechnung die Zahlungsverpflichtungen des AG eindeutig abschließend festgelegt sind.

aa) Musterbrief: Ankündigung von Vergütungsänderungen

Ankündigung von Vergütungsänderungen nach § 2 Nr.5,6,7 VOB/B*

Sehr geehrte Damen und Herren,

wir nehmen Bezug auf Ihre schriftliche/mündliche* Anordnung vom .... ***(Datum),*** folgende im Vertrag bisher nicht enthaltene Leistung/im Vertrag enthaltene und geänderte Leistung* auszuführen.

Dies betrifft die folgenden Leistungen:
Geänderte Leistung..........
Zusätzliche Leistung..........

Aufgrund der Änderung der vertraglichen Leistung kündigen wir Ihnen hiermit auf der Grundlage des ***§ 2 Nr. 5,6,7 VOB/B**** an, dass sich die Vergütung ändert.

Die voraussichtlich entstehenden Mehrkosten werden wir nun unter Berücksichtigung der Mehr- oder Minderkosten ermitteln. Ein entsprechendes Angebot wird Ihnen in Kürze übergeben.

Wir weisen Sie darauf hin, dass sich, bedingt durch die Änderung der vertraglichen Leistung, die Ausführungsfristen verlängern können. Die entstehenden Kosten aus einer Bauzeitverlängerung gehen dann zu Ihren Lasten.

Wir bitten Sie, uns die Vergütungsänderung vom Grunde her zu bestätigen, um die Arbeiten zügig ausführen zu können. Damit keine zusätzliche Behinderung wegen fehlender Entscheidungen entstehen, bitten wir Sie um Unterzeichnung und Rücksendung einer Kopie dieses Schreibens bis zum ***............ (Datum).***

Mit freundlichen Grüßen

Ihr Vertragspartner

Bestätigung:
....
(Unterschrift)

*Nichtzutreffendes bitte streichen

b) Leistungsbeschreibung für Nachträge

Die Einholung des Nachtragsangebotes muss vom AG ausgehen. Wie bei der Einholung der Angebote zum Hauptauftrag ist er auch bei zusätzlichen oder geänderten Leistungen verpflichtet, die Angebote einzuholen. Der AG muss die Nachtragsleistung mit Hilfe eines in Teilleistungen gegliederten Leistungsverzeichnisses beschreiben.[2] Daraufhin gibt der AN ein Angebot für die Nachtragsleistung ab.

In der Praxis sieht das häufig etwas anders aus. Oftmals unterbreitet der AN ein Nachtragsangebot und der AG nimmt dazu Stellung. Der AN übernimmt bei dieser Vorgehensweise aber mit der Erstellung eines Angebotes und der damit verbundenen Beschreibung der Leistung ggf. eine Planungsaufgabe, die eigentlich im Aufgabenbereich des AG liegt. Den Aspekt der Planungshaftung darf der AN dabei nicht außer Betracht lassen.

Schon bei der Tatsache, dass in der alltäglichen Baupraxis der AN häufig die Aufgabe der Leistungsbeschreibung für Nachtragsleistungen übernimmt, liegt die Ursache für viele Nachtragsstreitigkeiten. Es ist daher dem AN dringend zu empfehlen, bei einer geänderten oder zusätzlichen Leistung sowie bei Sonderwünschen oder Anschlussaufträgen vom AG bzw. seinem Architekten die detaillierte und vollständige Leistungsbeschreibung zu verlangen. Wenn der AG bzw. sein Architekt dann ein Leistungsverzeichnis erstellt, hat dies den großen Vorteil, dass die Nachtragsleistung vom Grunde her gerechtfertigt ist bzw. im Streitfall nur schwer abzustreiten ist. Ferner wird auch die Planungsverantwortung vom AG aufrecht erhalten und der AN hat nicht die Gefahr der Planungshaftung inne, für die er in den meisten Fälle auch nicht bezahlt wird.

Strittig ist die Frage, ob der AN die Ausführung der Zusatzleistung verweigern kann, wenn der AG die Leistungsbeschreibung nicht erstellt. In jedem Fall ist eine Einstellung der Arbeiten gerechtfertigt, wenn der AG den Anspruch auf Vergütungsänderung ganz und gar grundlos verneint. Der AN muss aber die Mehrforderungen ausreichend begründen, um ein Recht auf Einstellung der Arbeiten zu haben.[3]

Übernimmt der AN auf Wunsch des AG die Erstellung der Leistungsbeschreibung für einen Nachtrag, entstehen unter Umständen Vergütungsansprüche aus den

---

[2] § 9 Nr. 6 VOB/A
[3] OLG Dresden, BauR 1998, 565

Planungsaufgaben. Grundlage dieser Vergütungsansprüche für Zeichnungen, Berechnungen und sonstige Planungsleistungen wäre dann der § 2 Nr. 9 VOB/B. Die Höhe des Vergütungsanspruches für diese Leistungen würde sich dann nach den Mindestsätzen der HOAI richten.

Übernimmt der AN Planungsleistungen für den AG, hat er auch eine Planungsverantwortung zu tragen und haftet für Planungsfehler nach den gesetzlichen Bestimmungen.[4] Dem AG kann bei einem Fehler in der Planung des AN lediglich ein Mitverschulden vorgeworfen werden, wenn er das Nachtragsangebot in Auftrag gegeben hat und dieses vorher durch seinen Architekten hat prüfen lassen.

c) Inhalt des Nachtragsangebotes

Der AG hat grundsätzlich den Anspruch, alle Mehrkosten zu erfahren, die ursächlich aufgrund seiner Änderung entstehen. Nur so kann er entscheiden, ob er nun die Leistung ausführen lässt oder auf die Ausführung verzichtet. Deshalb ist es wichtig, dass ein Nachtragsangebot alle durch die Änderung des AG entstehenden Kosten beinhaltet. Sind die Kosten noch nicht berechenbar, müssen sie in jedem Fall im Angebot vorbehalten werden.

Um zu entscheiden, ob es sich um eine nachtragswürdige Leistung handelt, muss das Bausoll (vertraglich festgelegte Leistung) mit dem Bauist (tatsächlich auszuführende Leistung) verglichen und gegenübergestellt werden. Deshalb sollte man die dokumentarisch erfasste Nachtragsleistung den entsprechenden Positionen der Leistungsbeschreibung des Hauptauftrages gegenüberstellen.

Ein sinnvoll aufgebauter Nachtrag muss daher eine Nachtragsbegründung mit der Nennung der Anspruchsgrundlage, eine Nachtragskalkulation, die Information über die Auswirkungen auf den Bauablauf mit den eventuellen Vorbehalten sowie das Nachtragsangebot mit einer Bindefrist enthalten.

Ein Nachtragsangebot muss grundsätzlich alle die durch die Änderung verursachten Mehrkosten berücksichtigen. Verursacht eine Leistungsänderung eine Bauzeitverlängerung oder eine Bauablaufstörung, muss dies auch entsprechend bei der Kostenermittlung berücksichtigt werden. Wird ein Nachtragsangebot ohne Berücksichtigung dieser Kosten vertraglich vereinbart, so kann der AN nicht später noch Mehrkosten aufgrund der gleichen Ursache geltend machen. Es ist daher dem AN dringend zu raten, einen entsprechenden Vorbehalt in der

---

[4] § 635 BGB

Nachtragsvereinbarung zu treffen, um die ihm entstandenen Kosten einer etwaigen Bauzeitverlängerung später noch zu erhalten.

Gerade aufgrund der Bauzeitproblematik sollte ein Nachtragsangebot immer eine Bindefrist enthalten, in der sich der AN an die dort kalkulierten Preise hält. Generell sollte auch in einer Nachtragsvereinbarung auf die Problematik der Bauzeit hingewiesen werden und das Geltendmachen von dadurch entstehenden Mehrkosten vorbehalten werden. Die Bindefrist ist dabei nach den Grundsätzen der §§ 145 ff BGB bzw. § 19 VOB/A zu bestimmen. Es ist auch zu prüfen, ob aufgrund der Nachtragsforderung eine Behinderung nach § 6 VOB/B entsteht. Die Behinderung muss dann nach § 6 Nr. 1 VOB/B schriftlich angezeigt werden.

d) Pflichten der Vertragspartner

Übergibt der AN dem AG ein Nachtragsangebot, hat der AG dieses Angebot unverzüglich zu prüfen. Zwischen Vertragspartnern eines VOB/B – Vertrages besteht während der Vertragsdurchführung eine Kooperationspflicht[5]. Das Bestreben beider Vertragspartner sollte eigentlich sein, eine Vereinbarung über einen Nachtrag vor Beginn der Arbeiten zu treffen. So formulieren es auch die §§ 2 Nr. 5 und Nr. 6 VOB/B. Die Vereinbarung über die Preise soll vor Beginn der Arbeiten getroffen werden. Entstehen während der Vertragsdurchführung Meinungsverschiedenheiten zwischen den Parteien über die Notwendigkeit oder die Art und Weise einer Anpassung des Vertrages oder seiner Durchführung an geänderte Umständen, sind alle Parteien grundsätzlich verpflichtet, durch Verhandlungen eine einvernehmliche Beilegung der Meinungsverschiedenheiten zu versuchen.[6]

Zunächst muss der AG prüfen, ob die Forderung des AN aus dem § 2 VOB/B hergeleitet werden kann oder ob es sich um eine Leistung handelt, die bereits Vertragsinhalt ist und in der Leistungsbeschreibung oder in den Vorbemerkungen des Hauptauftrages enthalten ist. Die Prüfungspflicht gehört zu den vertraglichen Pflichten des AG. Eine Anordnung des AG muss nicht immer eine Nachtragsforderung nach sich ziehen, da der AG unter Umständen nur die geschuldete Leistung mit einer Anordnung konkretisiert. Ferner werden Nebenleistungen, die in den Allgemeinen Technischen Vertragsbedingungen (VOB/C) enthalten sind, mit den vereinbarten Preisen abgeholt.

---

[5] vgl. Urteil des BGH zur Kooperationspflicht – BGH, BauR 2000, 409

[6] BGH, BauR 2000, 409

Handelt der AN ohne Auftrag oder unter eigenmächtiger Abweichung vom Vertrag, hat er nur einen Vergütungsanspruch, wenn die Tatbestände des § 2 Nr. 8 Abs. 2 VOB/B vorliegen.

Stellt der AG fest, dass eine Forderung des AN auf Vergütungsänderung nicht gerechtfertigt ist, muss er dies dem AN mitteilen. Auch die so genannte Hinweispflicht gehört zu den vertraglichen Pflichten und sollte von den Vertragspartnern ernst genommen werden. Der AG muss in jedem Fall den AN über das Ergebnis seiner Prüfung informieren und die Nachtragsforderung eindeutig zurückweisen, um keine Zweifel an seiner Ablehnung der Vergütungsänderung aufkommen zu lassen.

Ist die Prüfung der Nachtragsforderung für grundsätzlich positiv befunden worden, stellt sich die Frage, welche Anspruchsgrundlage für den Nachtrag dient. Je nach Anspruchsgrundlage entscheidet sich auch, welche Anspruchsvoraussetzungen und Kalkulationsgrundsätze herangezogen werden müssen.

Nach der Prüfung, ob ein Nachtrag vom Grunde her gerechtfertigt ist, steht die Prüfung an, ob der Nachtrag in der Höhe gerechtfertigt ist. Die Unterscheidung nach den verschiedenen Anspruchsgrundlagen ist unumgänglich, um die Ermittlung der Preise nachvollziehen zu können. Um die Nachtragsforderung in der Höhe prüfen zu können, bedarf es der Vorlage der Kalkulation des Hauptauftrages. Die darin verwendeten Preise, Zuschläge und Nachlässe müssen auch bei der Kalkulation des Nachtrages verwendet werden. Es muss feststellbar sein, ob der Nachtrag auf der Basis des Hauptauftrages unter Berücksichtigung der Mehr- oder Minderkosten kalkuliert worden ist. Dieser Nachweis wird auch bei einer etwaigen gerichtlichen Auseinandersetzung verlangt und ggf. vom Gericht bzw. einem Sachverständigen überprüft.

In der Literatur wird häufig diskutiert, ob nicht schon die bloße Entgegennahme des Nachtragsangebotes durch den AG und die Duldung der Ausführung der darin beschriebenen Leistung eine stillschweigende und konkludente Annahme des Nachtragsangebotes darstellt. Das wird man häufig bejahen können, wenn die Leistungen vom AG erkannt und geduldet wurden und von Seiten des AG kein Einwand gegen das Nachtragsangebot vorgetragen wurde.

Bei öffentlichen AG ist eine derartige Anerkenntnis jedoch nicht denkbar, da für diese eine strenge Formvorschrift in Gesetzen verankert ist, wonach es durchweg auch der Einhaltung der Schriftform und bestimmter Vertretungsregeln bedarf.[7]

Auch bei Nachtragsleistungen hat der AN einen Anspruch auf Absicherung seiner Forderungen. Er kann nach § 648 a BGB eine Sicherheitsleistung verlangen, die nach der Höhe der voraussichtlichen Vergütung bestimmt wird. Die Vorgehensweise beim Verlangen einer Sicherheitsleistung und die Konsequenzen bei der Nichterfüllung durch den AG beschreibt neben dem § 17 VOB/B auch der § 648 a BGB.

e) Einstellung der Arbeiten

Wenn der AG die Vereinbarung einer Nachtragsleistung verzögert oder behindert, hat der AN nicht das Recht, die Arbeiten einzustellen. Die VOB/B kennt in dieser Hinsicht keine Möglichkeit für den AN, die Nachtragsvereinbarung vom AG zu erzwingen. Das Gegenteil ist der Fall. Der AN ist in Streitfällen nicht berechtigt, die Arbeiten einzustellen.[8]

Auch der BGH hat zu dieser Problematik eine eindeutige Meinung. Der AN muss zunächst versuchen, mit dem AG eine Einigung zu erzielen. Nur wenn der AG nachweislich nicht gesprächsbereit ist, kann über die Einstellung der Arbeiten nachgedacht werden. Allerdings stellt die Zurückweisung einer Nachtragsforderung noch keine endgültige Verweigerung der Gesprächsbereitschaft des AG dar.[9]

Der Auftragnehmer ist nicht verpflichtet, zusätzliche Leistungen auszuführen, wenn der Auftraggeber den Standpunkt vertritt, die Zusatzarbeiten müssten ohne weitere Vergütung erbracht werden. Die Weigerung des AN, derartige Arbeiten nicht ohne zusätzliche Vergütung zu erbringen, rechtfertigt keine Kündigung des AG.[10]

Beispielfall 36:
In einem Leistungsverzeichnis wurde in einer Position ein Einheitspreis von 300,00 €/Einheit vereinbart. Aufgrund einer Anordnung des AG, die eine aufwendigere Ausführung zur Folge hat, verlangt der AN nun einen Einheitspreis von 350,00 €/Einheit für diese Position. Eine Kalkulation für den neuen Preis legt er nicht vor.

---

[7] BGH, BauR 1992, 761
[8] § 18 Nr. 4 VOB/B
[9] BGH, 28.10.1999, Az: VII 393/98
[10] OLG Celle, IBR 2003, 231

Der AG lehnt die Forderung des AN ab mit der Begründung, der Einheitspreis sei zu hoch angesetzt.

Der AN kann aufgrund der ablehnenden Haltung des AG zur neuen Preisvereinbarung nicht die Arbeiten einstellen, da die Mehrforderung nicht ausreichend begründet wurde bzw. er keine Kalkulation vorgelegt hat.[11]

Nur wenn der AG sich grundsätzlich Verhandlungen über Nachträge verschließt und ausdrücklich absolut berechtigte Forderungen des AN nicht vergüten will, können die Arbeiten eingestellt werden. In einem derartigen Fall müssen aber die Anspruchsgrundlagen richtig sein, die Formvorschriften müssen eingehalten sein und das Nachtragsangebot muss prüffähig sein.

1.2. Nachtragskalkulation

Wenn der AN ein Nachtragsangebot im Zuge eines Hauptauftrages erstellt, kann er in der Regel nicht frei kalkulieren. Er muss sich streng an die Kalkulation seines Hauptauftrages halten. Dies schreibt der § 2 Nr. 5 VOB/B vor, indem dort ausgeführt wird, dass ein neuer Preis unter Berücksichtigung der Mehr- oder Minderkosten zu vereinbaren ist. Im § 2 Nr. 6 VOB/B, der sich mit den zusätzlichen Leistungen befasst, heißt es, dass der neue Preis nach den Grundlagen der vertraglichen Leistung und den besonderen Kosten der zusätzlichen Leistung bestimmt werden soll. Dementsprechend muss auch der neue Preis auf der Basis des Hauptauftrages gebildet werden. Ein guter Preis für die Hauptleistung bleibt also auch ein guter Preis bei den Nachträgen. Aus einem schlechten Preis bei der Hauptleistung kann also auch kein guter Preis bei den Nachträgen werden.

Die Kalkulation und der Angebotspreis liegen im Risikobereich des AN. Das gilt sowohl für zu niedrige als auch für zu hohe Preise sowie für Kalkulationsfehler und für Spekulationskalkulationen. Oftmals ist es ratsam, die Höhe der Nachträge nicht zu früh festzulegen. Man sollte mit der Angabe der genauen Nachtragssumme abwarten, bis alle Auswirkungen des Nachtrages bekannt sind.

Der AN muss grundsätzlich bei einer Nachtragskalkulation die Kalkulation des Hauptauftrages und der Nachtragsleistung offen legen.[12] Wurde bei der Kalkulation zum Hauptauftrag keine Angebotskalkulation erstellt, kann eine neue, im Einzelnen nachvollziehbare und plausible Kalkulation nachgereicht werden.[13] Der AG bzw.

---

[11] OLG Dresden, BauR 1998, 565
[12] OLG Düsseldorf, BauR 1991, 219
[13] BGH, BauR 1997, 304

dessen Bauleitung kann bei Nichtoffenlegung der Angebots- bzw. Nachtragskalkulation die Nachtragsforderung mangels Prüfbarkeit zurückweisen.

Anders gestaltet sich die Preisermittlung für Sonderwünsche des AG oder für vom Vertragsinhalt unabhängige Leistungen. Werden derartige Leistungen gefordert, ist der AN nicht verpflichtet, die Arbeiten auszuführen. Er kann die Leistung frei kalkulieren und ggf. ein neues Vertragsverhältnis eingehen.

Im Zuge der Nachtragskalkulation muss grundsätzlich unterschieden werden, ob es sich um eine Mengenänderung (§ 2 Nr. 3 VOB/B), eine Leistungsänderung (§ 2 Nr. 5 VOB/B) oder eine zusätzliche Leistung (§ 2 Nr. 6 VOB/B) handelt.

Ein Nachtrag nach den Grundsätzen des § 2 VOB/B unterscheidet sich in der Höhe auch deutlich von einem Schadensersatzanspruch nach § 6 Nr. 6 VOB/B. Die Nachtragspreise nach den Grundsätzen des § 2 VOB/B werden nicht nach den tatsächlichen Kosten ermittelt, sondern nach den kalkulativen Kosten auf der Grundlage der Urkalkulation des Hauptauftrages bestimmt. Insoweit unterscheiden sich Nachträge gemäß § 2 VOB/B als Vergütungsanspruch grundlegend von dem Schadensersatzanspruch nach § 6 Nr. 6 VOB/B. Dies wird allein schon dadurch deutlich, dass die Vereinbarung über die Preise für die Nachtragsleistung nach § 2 VOB/B vor Beginn der Ausführung getroffen werden soll, also zu einem Zeitpunkt, indem nur die kalkulatorischen Kosten, nicht aber die tatsächlichen Mehr- oder Minderkosten bekannt sind.

Ein kostenintensiver Punkt bei einem Nachtrag kann sich häufig aufgrund einer Bauzeitverlängerung ergeben. Die Kosten für eine Bauzeitverlängerung sowie sämtliche Auswirkungen auf den Bauablauf, die aufgrund der Änderungen entstehen, sind kalkulatorisch zu berücksichtigen. Derartige Kosten können sich beispielsweise aus der Umstellung von Arbeitsabläufen oder aus dem Stillstand von Teilleistungen ergeben. Können die aus der Bauzeitverlängerung resultierenden Kosten noch nicht eindeutig bestimmt werden, muss der AN unbedingt einen Vorbehalt hinsichtlich der Mehrkosten in das Angebot mit aufnehmen.

a) Lohnkosten

Veränderungen bei den Lohnkosten dürfen nur dann berücksichtigt werden, wenn für die Nachtragsleistung eine andere Zusammensetzung des Personals auf der Baustelle notwendig wird. Der kalkulierte Mittellohn darf im Vergleich zum Hauptauftrag bei der Nachtragskalkulation nicht verändert werden. Es ist daher sehr empfehlenswert, in den individuellen Vertragsklauseln eine Vereinbarung über eine eventuelle Lohnerhöhung bzw. eine Veränderung der lohnabhängigen und lohnunabhängigen Kosten zu treffen. Ist eine derartige Vereinbarung nicht getroffen worden, können Veränderungen im Lohnniveau nur berücksichtigt werden, wenn sie zum Zeitpunkt der Angebotsabgabe kalkulatorisch nicht erfasst werden konnten.

Die Zeit – Mengenansätze müssen ebenfalls den Grundsätzen der Kalkulation des Hauptauftrages entsprechen. Dies ist allerdings nur bei vergleichbarer Leistung möglich. Liegen derartige Vergleichsmöglichkeiten nicht vor, kann auf Erfahrungswerte bzw. Akkordtarife zurückgegriffen werden.

b) Stoff-, Material- und Gerätekosten

Bei den Stoff- und Materialkosten ist der Preis aus der Kalkulation des Hauptauftrages einzusetzen. Ein anderer Preis darf für die Stoffe und Materialien nur eingesetzt werden, wenn andere Voraussetzungen für die Beschaffung vorliegen. Das könnte beispielsweise der Fall sein, wenn eine andere Bezugsquelle für die Beschaffung gewählt werden muss, und sich deshalb der Preis ändert. Die Erhöhung der Preise muss zweifelsfrei nachgewiesen werden, etwa mit Rechnungen oder Angeboten von Lieferanten. Abweichende Materialkosten können sich auch noch aufgrund zwischenzeitlich erfolgter Materialpreissteigerungen, aus geringeren Mengenrabatten bei Nachbestellungen oder bei Lieferschwierigkeiten ergeben. Die Zuschlagansätze auf Stoffe aus dem Hauptauftrag gelten auch bei der Nachtragskalkulation. Auch bei den Stoff- und Materialpreisen ist es sinnvoll, eine entsprechende Preisgleitklausel zu vereinbaren. Diese müsste dann im Rahmen der individuellen Vertragsklauseln im Bauvertrag des Hauptauftrages vereinbart werden.

Bei den Gerätekosten entstehen bei der Nachtragskalkulation häufig Schwierigkeiten. Aber auch bei den Gerätekosten gelten die Grundlagen der Preisermittlung des Hauptauftrages. Müssen im Rahmen von Nachtragsleistungen andere Geräte eingesetzt werden, sind die Kosten dafür entsprechend den Ansätzen in der Preisermittlung des Hauptauftrages zu berechnen. Die Bereitstellungskosten für beispielsweise Auf- und Abbau der Geräte oder An- und Abfahrt können in den neuen Preisen voll berücksichtigt werden. Mindert sich durch die Nachtragsleistung der Geräteeinsatz, muss der Preis entsprechend verringert werden. Einen hilfreichen Ansatz bei der Ermittlung von Gerätekosten kann auch die Baugeräteliste (BGL) geben.

Gerade bei Nachträgen auf der Grundlage des § 2 Nr. 3 VOB/B (Mengenänderungen) werden häufig die zusätzlichen Kosten vergessen, die ursächlich durch die Mengenänderung entstanden sind, nicht aber direkt einer Position zuzuordnen sind. Dazu zählen häufig die Mehrkosten für zusätzliche Geräte, da diese in den Gemeinkosten der Baustelle anfallen.

c) Gemeinkosten der Baustelle

Zu den Gemeinkosten zählen neben den Kosten für die örtliche Bauleitung, den Baustelleneinrichtungskosten und die Kosten für Bauhilfs- und Betriebsstoffe auch die Vorhaltekosten für Container und Büros sowie alle Kosten, die durch das Betreiben einer Baustelle entstehen und sich keiner Teilleistung direkt zuordnen lassen.

Bei der Kalkulation der Nachtragsleistung kommt es darauf an, ob die Gemeinkosten der Baustelle als Zuschlag auf die Einzelkosten kalkuliert worden sind oder, wie es häufig bei der Baustelleneinrichtung der Fall ist, als Pauschalposition beauftragt worden sind.

Wurde ein Teil der Gemeinkosten der Baustelle, beispielsweise die Baustelleneinrichtung, als Pauschalposition beauftragt, kann eine Veränderung dieser Position aufgrund zusätzlicher oder geänderter Leistungen nur dann vorgenommen werden, wenn die Höhe der Gemeinkosten beeinflusst wird. Dies ist bei der Baustelleneinrichtung der Fall, wenn aufgrund der Leistungsänderung oder der Mehrmengen eine andere oder zusätzliche Baustelleneinrichtung notwendig wird bzw. die Baustelleneinrichtung länger als im Vertrag vorgesehen benötigt wird.

Wurden die Gemeinkosten der Baustelle mit Hilfe von Zuschlägen auf die Teilleistungen umgelegt, greifen die gleichen Regelungen wie für die Lohn- und Stoffkosten auch bei den Gemeinkosten der Baustelle.

d) Allgemeine Geschäftskosten, Wagnis und Gewinn

Allgemeine Geschäftskosten sind Kosten, die einem Betrieb nicht aufgrund eines bestimmten Vertragsverhältnisses entstehen, sondern durch die Unternehmung als Ganzes verursacht werden. Auch bei den Allgemeinen Geschäftskosten sowie beim Wagnis und Gewinn gelten die Zuschlagssätze aus dem Hauptauftrag. Nachlässe aus dem Hauptauftrag müssen auch auf die Nachtragsleistung gewährt werden, da sie letztlich den Gewinn des Unternehmens schmälern.[14]

---

[14] OLG Düsseldorf, BauR 1993, 479

Gleiches gilt auch für Kalkulationsfehler des AN sowie für Spekulationskalkulationen, die bei den Nachträgen nicht ausgeglichen werden dürfen. Ein Kalkulationsirrtum des AN kann nur ausgeglichen werden, wenn ein so genanntes *Verschulden bei Vertragsabschluss*[15] des AG vorliegt. Ein derartiges Verschulden des AG könnte beispielsweise dann vorliegen, wenn der AG die Mengen fahrlässig falsch ausschreibt und der AN auf die Richtigkeit der ausgeschriebenen Menge vertrauen konnte bzw. vertrauen musste.

e) Nachunternehmerleistungen

Bei Nachtragsleistungen, die durch einen Nachunternehmer (NU) des AN erbracht werden, gilt der dem Hauptvertrag zugrunde liegende Zuschlagssatz auch für die neuen Preise. In der Praxis versieht der AN das Nachtragsangebot des Nachunternehmers häufig mit dem vereinbarten Zuschlag und gibt es an den AG weiter. Problematisch wird dieses Verfahren nur dann, wenn der AG vom AN die Offenlegung der Kalkulation verlangt. Der AN ist nicht dazu berechtigt, die Kalkulation seines Nachunternehmers an einen Dritten, den AG, weiterzugeben. Die Vertragsverhältnisse zwischen dem AG und dem AN sowie dem AN und seinem NU sind unabhängig voneinander zu betrachten. Im Zweifelsfall muss der AN auf der Grundlage der Preisvereinbarung des Hauptauftrages die Nachtragsleistung selbstständig kalkulieren.

Oftmals sind auch die Grundlagen der Vertragsverhältnisse und der Leistungsbeschreibung zwischen den einzelnen Parteien sehr unterschiedlich. Die Art der Leistungsbeschreibung kann für den AN im Verhältnis zum AG eine völlig andere sein, als der AN mit dem NU vereinbart hat. Im Extremfall hat der AN zwar gegenüber dem AG einen Nachtragsanspruch, jedoch kann beispielsweise der NU gegenüber dem AN aufgrund einer Pauschalpreisvereinbarung keine Mehrkosten geltend machen. Das kann natürlich auch im umgekehrten Verhältnis der Fall sein.

f) Kalkulation von Nachträgen beim Pauschalvertrag

Das Wesen des Pauschalvertrages zeichnet sich dadurch aus, dass die Vergütung für die vertragliche Leistung mit einer Pauschalen abgeholt wird. Je nach Vertragsform, Detail- oder Globalpauschalvertrag bzw. eine Mischung aus beidem, ist auch die Angebotskalkulation unterschiedlich genau aufgebaut. Grundsätzlich können auch bei Pauschalverträgen Änderungen der Vergütung eintreten. In der Praxis wird dann eine Nachtragsleistung oftmals mit Einheitspreisen oder mit Hilfe

[15] culpa in contrahendo (c.i.c.) - § 311 BGB

einer zusätzlichen Pauschalen angeboten. Ist dies jedoch nicht der Fall, muss die ursprünglich vereinbarte Pauschale aufgrund der Nachtragsleistung erhöht bzw. gemindert werden.

Auch wenn Nachtragsleistungen bei einem Pauschalvertrag entstehen, muss zur Preisermittlung die Kalkulation des Hauptauftrages als Grundlage angenommen werden.

Ist zwischen den Vertragspartnern ein Detailpauschalvertrag auf der Grundlage einer detaillierten Leistungsbeschreibung (Positionen und Einheitspreise) vereinbart worden, muss zunächst ein Preisanpassungsfaktor ermittelt werden. Der Preisanpassungsfaktor beschreibt die Differenz zwischen dem Angebotspreis aufgrund der Summierung der Positionspreise (Einheitspreise * Massen) und dem letztendlich vereinbarten Pauschalpreis. Mit diesem Preisanpassungsfaktor, der aufgrund von Nachlässen oder Rundungen entsteht, werden die Einheitspreise der Kalkulation neu berechnet. D.h. die bei der Verhandlung gewährten Nachlässe werden nun auf die kalkulierten Preise umgelegt. Die „neuen" Einheitspreise dienen dann als Grundlage der Kalkulation für die Nachtragsleistung. Wurden die Mengen in der Ausschreibung nicht richtig ermittelt, kann ebenfalls ein Preisanpassungsfaktor aufgrund unrichtiger Mengen ermittelt werden.

Kommt es nun zu Nachträgen, kann die ursprüngliche Angebotskalkulation zu Grunde gelegt werden. Die ermittelten Preise werden dann mit den Preisanpassungsfaktoren multipliziert. So entstehen die Preise auf der tatsächlichen Kalkulationsgrundlage (Einheitspreise aus der Angebotskalkulation unter Berücksichtigung der gewährten Nachlässe und der korrigierten Mengen).

Bei einem Globalpauschalvertrag erfolgt die Ermittlung der Preise für eine Nachtragsleistung, wenn möglich, wie zuvor beschrieben. Es muss zusätzlich noch geprüft werden, ob der AN auch alle geschuldeten Leistungen in seiner Kalkulation berücksichtigt hat. Grundlage bei der Nachtragskalkulation zu einem Globalpauschalvertrag muss ebenfalls immer die Angebotskalkulation sein. Die gewährten Nachlässe müssen auch bei der Kalkulation zum Nachtrag berücksichtigt werden.

2. Literaturverzeichnis (inklusive weiterführender Literatur)

(1) BAURECHT: Zeitschrift für das gesamte öffentliche und private Baurecht, 1970 ff, Werner Verlag

(2) BECK'SCHE TEXTAUSGABE: BGB 2002, 3. Auflage, Verlag C.H. Beck

(3) BIERMANN: Der Bauleiter im Bauunternehmen, 2. Auflage, Verlag Rudolf Müller

(4) BIRKE-RAUCH: Baurecht für Bauleiter, Praxis Check, Weka Verlag

(5) BRÜSSEL: Baubetrieb von A bis Z, 3. Auflage, Werner Verlag

(6) CREIFELDS: Rechtswörterbuch, 15. Auflage, Verlag C.H. Beck

(7) DIN - DEUTSCHES INSTITUT FÜR NORMUNG: VOB Vergabe- und Vertragsordnung für Bauleistungen, Ausgabe 2002, Beuth Verlag

(8) ESCHENBRUCH: Recht der Projektsteuerung, Werner Verlag

(9) FRANKE/KEMPER/ZANNER/GRÜNHAGEN: VOB Kommentar, 1. Auflage, Werner Verlag

(10) GLATZEL/HOFMANN/FRIKELL: Unwirksame Bauvertragsklauseln nach dem AGB – Gesetz, 9. Auflage, Verlag Ernst Vögel

(11) GRALLA: Garantierter Maximalpreis, 1. Auflage, Verlag B.G. Teubner

(12) HELLER: Nachtragsmanagement: Sicherung der Nachtragsvergütung nach VOB und BGB, Zeittechnik – Verlag GmbH

(13) HERIG: VOB Teile A B C Baupraxis kompakt, 1. Auflage, Werner Verlag

(14) HOFMANN/FRIKELL: Nachträge am Bau, 3. Auflage, VOB-Verlag Ernst Vögel

(15) INGENSTAU/KORBIN: VOB Teil A und B Kommentar, 14. Auflage, Werner Verlag

(16) KAPELLMANN/LANGEN: Einführung in die VOB/B – Basiswissen für die Praxis, 11. Auflage, Werner Verlag

(17) KAPELLMANN/SCHIFFERS: Vergütung, Nachträge und Behinderungsfolgen beim Bauvertrag, Band 1 – Einheitspreisvertrag, 4. Auflage, Werner Verlag

(18) KAPELLMANN/SCHIFFERS: Vergütung, Nachträge und Behinderungsfolgen beim Bauvertrag, Band 2 – Pauschalvertrag einschließlich Schlüsselfertigbau, 3. Auflage, Werner Verlag

(19) KOSANKE: Der Schadensnachweis nach § 6 Nr. 6 VOB/B aus baubetrieblicher Sicht, TU - Berlin

(20) LEINEMANN: Die Bezahlung der Bauleistung, 2. Auflage, Carl Heymanns Verlag

(21) NAGEL: Zahlungsforderungen sichern und durchsetzen, 1. Auflage, Bauwerk Verlag

(22) NICKLISCH/WEICK: VOB Teil B Kommentar, 3. Auflage, Verlag C.H. Beck

(23) SCHERER: Nachtragsmanagement 2, Zeittechnik – Verlag GmbH

(24) PLUM: Sachgerechter und prozessorientierter Nachweis von Behinderungen und Behinderungsfolgen beim VOB – Vertrag, 1. Auflage, Werner Verlag

(25) STEIGER: Neuerungen in der VOB/B 2002 – Vergütung und Nachträge, Seminarunterlage zum Baurechtsseminar am 25. April 2003, Referent Rechtsanwalt Thomas Steiger, Staufen

(26) STOHLMANN: Die 20 „Todsünden" bei der Abwicklung von Bauverträgen, 5. erweiterte Auflage, Verlaganstalt Handwerk GmbH

(27) VYGEN: Bauvertragsrecht nach VOB, 3. Auflage, Werner Verlag

(28) VYGEN: Rechte und Pflichten der Bauleiter – Nachtragangebote, Seminarunterlage zum Baurechtseminar am 19.04.2002, Referent Prof. Dr. jur. Klaus Vygen

(29) WERNER/PASTOR: Der Bauprozess, 7. Auflage, Werner Verlag

(30) WERNER/PASTOR/MÜLLER: Baurecht von A-Z, 6. Auflage, Verlag Rudolf Müller

(31) WIRTH: Handbuch zur Vertragsgestaltung, Vertragsabwicklung und Prozessführung im privaten und öffentlichen Baurecht, Werner Verlag

(32) WIRTH: Tagungshandbuch Kalksandstein-Vortragsreihe 2003, Schuldrechtsreform 2002 und VOB 2002, Verein Süddeutscher Kalksandsteinwerke e.V.

3. Auszüge aus dem Bürgerlichen Gesetzbuch (BGB)

Willenserklärung

§ 119 Anfechtbarkeit wegen Irrtums

(1) Wer bei der Abgabe einer Willenserklärung über deren Inhalt im Irrtum war oder eine Erklärung dieses Inhalts überhaupt nicht abgeben wollte, kann die Erklärung anfechten, wenn anzunehmen ist, dass er sie bei Kenntnis der Sachlage und bei verständiger Würdigung des Falles nicht abgegeben haben würde.

(2) Als Irrtum über den Inhalt der Erklärung gilt auch der Irrtum über solche Eigenschaften der Person oder der Sache, die im Verkehr als wesentlich angesehen werden.

§ 121 Anfechtungsfrist

(1) Die Anfechtung muss in den Fällen der §§ 119, 120 ohne schuldhaftes Zögern (unverzüglich) erfolgen, nachdem der Anfechtungsberechtigte von dem Anfechtungsgrund Kenntnis erlangt hat. Die einem Abwesenden gegenüber erfolgte Anfechtung gilt als rechtzeitig erfolgt, wenn die Anfechtungserklärung unverzüglich abgesendet worden ist.

(2) Die Anfechtung ist ausgeschlossen, wenn seit der Abgabe der Willenserklärung zehn Jahre verstrichen sind.

§ 138 Sittenwidriges Rechtsgeschäft; Wucher

(1) Ein Rechtsgeschäft, das gegen die guten Sitten verstößt, ist nichtig.

(2) Nichtig ist insbesondere ein Rechtsgeschäft, durch das jemand unter Ausbeutung der Zwangslage, der Unerfahrenheit, des Mangels an Urteilsvermögen oder der erheblichen Willensschwäche eines anderen sich oder einem Dritten für eine Leistung Vermögensvorteile versprechen oder gewähren lässt, die in einem auffälligen Missverhältnis zu der Leistung stehen.

Vertretung und Vollmacht

§ 177 Vertragsschluss durch Vertreter ohne Vertretungsmacht

(1) Schließt jemand ohne Vertretungsmacht im Namen eines anderen einen Vertrag, so hängt die Wirksamkeit des Vertrags für und gegen den Vertretenen von dessen Genehmigung ab.

(2) Fordert der andere Teil den Vertretenen zur Erklärung über die Genehmigung auf, so kann die Erklärung nur ihm gegenüber erfolgen; eine vor der Aufforderung dem Vertreter gegenüber erklärte Genehmigung oder Verweigerung der Genehmigung wird unwirksam. Die Genehmigung kann nur bis zum Ablauf von zwei Wochen nach dem Empfang der Aufforderung erklärt werden; wird sie nicht erklärt, so gilt sie als verweigert.

§ 179 Haftung des Vertreters ohne Vertretungsmacht

(1) Wer als Vertreter einen Vertrag geschlossen hat, ist, sofern er nicht seine Vertretungsmacht nachweist, dem anderen Teil nach dessen Wahl zur Erfüllung oder zum Schadensersatz verpflichtet, wenn der Vertretene die Genehmigung des Vertrags verweigert.

(2) Hat der Vertreter den Mangel der Vertretungsmacht nicht gekannt, so ist er nur zum Ersatz desjenigen Schadens verpflichtet, welchen der andere Teil dadurch erleidet, dass er auf die Vertretungsmacht vertraut, jedoch nicht über den Betrag des Interesses hinaus, welches der andere Teil an der Wirksamkeit des Vertrags hat.

(3) Der Vertreter haftet nicht, wenn der andere Teil den Mangel der Vertretungsmacht kannte oder kennen musste. Der Vertreter haftet auch dann nicht, wenn er in der Geschäftsfähigkeit beschränkt war, es sei denn, dass er mit Zustimmung seines gesetzlichen Vertreters gehandelt hat.

Fristen, Termine

§ 187 Fristbeginn

1) Ist für den Anfang einer Frist ein Ereignis oder ein in den Lauf eines Tages fallender Zeitpunkt maßgebend, so wird bei der Berechnung der Frist der Tag nicht mitgerechnet, in welchen das Ereignis oder der Zeitpunkt fällt.

(2) Ist der Beginn eines Tages der für den Anfang einer Frist maßgebende Zeitpunkt, so wird dieser Tag bei der Berechnung der Frist mitgerechnet. Das Gleiche gilt von dem Tag der Geburt bei der Berechnung des Lebensalters.

§ 188 Fristende

(1) Eine nach Tagen bestimmte Frist endigt mit dem Ablauf des letzten Tages der Frist.

(2) Eine Frist, die nach Wochen, nach Monaten oder nach einem mehrere Monate umfassenden Zeitraum - Jahr, halbes Jahr, Vierteljahr - bestimmt ist, endigt im Falle des § 187 Abs. 1 mit dem Ablauf desjenigen Tages der letzten Woche oder des letzten Monats, welcher durch seine Benennung oder seine Zahl dem Tag entspricht, in den das Ereignis oder der Zeitpunkt fällt, im Falle des § 187 Abs. 2 mit dem Ablauf desjenigen Tages der letzten Woche oder des letzten Monats, welcher dem Tage vorhergeht, der durch seine Benennung oder seine Zahl dem Anfangstag der Frist entspricht.

(3) Fehlt bei einer nach Monaten bestimmten Frist in dem letzten Monat der für ihren Ablauf maßgebende Tag, so endigt die Frist mit dem Ablauf des letzten Tages dieses Monats.

Verpflichtung zur Leistung

§ 241 Pflichten aus dem Schuldverhältnis

(1) Kraft des Schuldverhältnisses ist der Gläubiger berechtigt, von dem Schuldner eine Leistung zu fordern. Die Leistung kann auch in einem Unterlassen bestehen.

(2) Das Schuldverhältnis kann nach seinem Inhalt jeden Teil zur Rücksicht auf die Rechte, Rechtsgüter und Interessen des anderen Teils verpflichten.

§ 242 Leistung nach Treu und Glauben

Der Schuldner ist verpflichtet, die Leistung so zu bewirken, wie Treu und Glauben mit Rücksicht auf die Verkehrssitte es erfordern.

§ 249 Art und Umfang des Schadensersatzes

(1) Wer zum Schadensersatz verpflichtet ist, hat den Zustand herzustellen, der bestehen würde, wenn der zum Ersatz verpflichtende Umstand nicht eingetreten wäre.

(2) Ist wegen Verletzung einer Person oder wegen Beschädigung einer Sache Schadensersatz zu leisten, so kann der Gläubiger statt der Herstellung den dazu erforderlichen Geldbetrag verlangen. Bei

der Beschädigung einer Sache schließt der nach Satz 1 erforderliche Geldbetrag die Umsatzsteuer nur mit ein, wenn und soweit sie tatsächlich angefallen ist.

§ 254 Mitverschulden

(1) Hat bei der Entstehung des Schadens ein Verschulden des Beschädigten mitgewirkt, so hängt die Verpflichtung zum Ersatz sowie der Umfang des zu leistenden Ersatzes von den Umständen, insbesondere davon ab, inwieweit der Schaden vorwiegend von dem einen oder dem anderen Teil verursacht worden ist.

(2) Dies gilt auch dann, wenn sich das Verschulden des Beschädigten darauf beschränkt, dass er unterlassen hat, den Schuldner auf die Gefahr eines ungewöhnlich hohen Schadens aufmerksam zu machen, die der Schuldner weder kannte noch kennen musste, oder dass er unterlassen hat, den Schaden abzuwenden oder zu mindern. Die Vorschrift des § 278 findet entsprechende Anwendung.

§ 276 Verantwortlichkeit des Schuldners

(1) Der Schuldner hat Vorsatz und Fahrlässigkeit zu vertreten, wenn eine strengere oder mildere Haftung weder bestimmt noch aus dem sonstigen Inhalt des Schuldverhältnisses, insbesondere aus der Übernahme einer Garantie oder eines Beschaffungsrisikos zu entnehmen ist. Die Vorschriften der §§ 827 und 828 finden entsprechende Anwendung.

(2) Fahrlässig handelt, wer die im Verkehr erforderliche Sorgfalt außer Acht lässt.

(3) Die Haftung wegen Vorsatzes kann dem Schuldner nicht im Voraus erlassen werden.

Gestaltung rechtsgeschäftlicher Schuldverhältnisse durch Allgemeine Geschäftsbedingungen

§ 305 Einbeziehung Allgemeiner Geschäftsbedingungen in den Vertrag

(1) Allgemeine Geschäftsbedingungen sind alle für eine Vielzahl von Verträgen vorformulierten Vertragsbedingungen, die eine Vertragspartei (Verwender) der anderen Vertragspartei bei Abschluss eines Vertrags stellt. Gleichgültig ist, ob die Bestimmungen einen äußerlich gesonderten Bestandteil des Vertrags bilden oder in die Vertragsurkunde selbst aufgenommen werden, welchen Umfang sie haben, in welcher Schriftart sie verfasst sind und welche Form der Vertrag hat. Allgemeine Geschäftsbedingungen liegen nicht vor, soweit die Vertragsbedingungen zwischen den Vertragsparteien im Einzelnen ausgehandelt sind.

(2) Allgemeine Geschäftsbedingungen werden nur dann Bestandteil eines Vertrags, wenn der Verwender bei Vertragsschluss

1. die andere Vertragspartei ausdrücklich oder, wenn ein ausdrücklicher Hinweis wegen der Art des Vertragsschlusses nur unter unverhältnismäßigen Schwierigkeiten möglich ist, durch deutlich sichtbaren Aushang am Ort des Vertragsschlusses auf sie hinweist und

2. der anderen Vertragspartei die Möglichkeit verschafft, in zumutbarer Weise, die auch eine für den Verwender erkennbare körperliche Behinderung der anderen Vertragspartei angemessen berücksichtigt, von ihrem Inhalt Kenntnis zu nehmen,

und wenn die andere Vertragspartei mit ihrer Geltung einverstanden ist.

(3) Die Vertragsparteien können für eine bestimmte Art von Rechtsgeschäften die Geltung bestimmter Allgemeiner Geschäftsbedingungen unter Beachtung der in Absatz 2 bezeichneten Erfordernisse im Voraus vereinbaren.

§ 306 Rechtsfolge bei Nichteinbeziehung und Unwirksamkeit

(1) Sind Allgemeine Geschäftsbedingungen ganz oder teilweise nicht Vertragsbestandteil geworden oder unwirksam, so bleibt der Vertrag im Übrigen wirksam.

(2) Soweit die Bestimmungen nicht Vertragsbestandteil geworden oder unwirksam sind, richtet sich der Inhalt des Vertrags nach den gesetzlichen Vorschriften.

(3) Der Vertrag ist unwirksam, wenn das Festhalten an ihm auch unter Berücksichtigung der nach Absatz 2 vorgesehenen Änderung eine unzumutbare Härte für eine Vertragspartei darstellen würde.

§ 307 Abs. 1 und 2 Inhaltskontrolle

(1) Bestimmungen in Allgemeinen Geschäftsbedingungen sind unwirksam, wenn sie den Vertragspartner des Verwenders entgegen den Geboten von Treu und Glauben unangemessen benachteiligen. Eine unangemessene Benachteiligung kann sich auch daraus ergeben, dass die Bestimmung nicht klar und verständlich ist.

(2) Eine unangemessene Benachteiligung ist im Zweifel anzunehmen, wenn eine Bestimmung

1. mit wesentlichen Grundgedanken der gesetzlichen Regelung, von der abgewichen wird, nicht zu vereinbaren ist oder

2. wesentliche Rechte oder Pflichten, die sich aus der Natur des Vertrags ergeben, so einschränkt, dass die Erreichung des Vertragszwecks gefährdet ist.

Schuldverhältnisse aus Verträgen

§ 311 Abs. 2 Rechtsgeschäftliche und rechtsgeschäftsähnliche Schuldverhältnisse

(2) Ein Schuldverhältnis mit Pflichten nach § 241 Abs. 2 entsteht auch durch

1. die Aufnahme von Vertragsverhandlungen,
2. die Anbahnung eines Vertrags, bei welcher der eine Teil im Hinblick auf eine etwaige rechtsgeschäftliche Beziehung dem anderen Teil die Möglichkeit zur Einwirkung auf seine Rechte, Rechtsgüter und Interessen gewährt oder ihm diese anvertraut, oder
3. ähnliche geschäftliche Kontakte.

Werkvertrag und ähnliche Verträge

§ 631 Vertragstypische Pflichten beim Werkvertrag

(1) Durch den Werkvertrag wird der Unternehmer zur Herstellung des versprochenen Werkes, der Besteller zur Entrichtung der vereinbarten Vergütung verpflichtet.

(2) Gegenstand des Werkvertrags kann sowohl die Herstellung oder Veränderung einer Sache als auch ein anderer durch Arbeit oder Dienstleistung herbeizuführender Erfolg sein.

§ 632 Vergütung

(1) Eine Vergütung gilt als stillschweigend vereinbart, wenn die Herstellung des Werkes den Umständen nach nur gegen eine Vergütung zu erwarten ist.

(2) Ist die Höhe der Vergütung nicht bestimmt, so ist bei dem Bestehen einer Taxe die taxmäßige Vergütung, in Ermangelung einer Taxe die übliche Vergütung als vereinbart anzusehen.

(3) Ein Kostenanschlag ist im Zweifel nicht zu vergüten.

§ 635 Nacherfüllung

(1) Verlangt der Besteller Nacherfüllung, so kann der Unternehmer nach seiner Wahl den Mangel beseitigen oder ein neues Werk herstellen.

(2) Der Unternehmer hat die zum Zwecke der Nacherfüllung erforderlichen Aufwendungen, insbesondere Transport-Wege-, Arbeits- und Materialkosten zu tragen.

(3) Der Unternehmer kann die Nacherfüllung unbeschadet des § 275 Abs. 2 und 3 verweigern, wenn sie nur mit unverhältnismäßigen Kosten möglich ist.

(4) Stellt der Unternehmer ein neues Werk her, so kann er vom Besteller Rückgewähr des mangelhaften Werks nach Maßgabe der §§ 346 bis 348 verlangen.

§ 641 Fälligkeit der Vergütung

(1) Die Vergütung ist bei der Abnahme des Werkes zu entrichten. Ist das Werk in Teilen abzunehmen und die Vergütung für die einzelnen Teile bestimmt, so ist die Vergütung für jeden Teil bei dessen Abnahme zu entrichten.

(2) Die Vergütung des Unternehmers für ein Werk, dessen Herstellung der Besteller einem Dritten versprochen hat, wird spätestens fällig, wenn und soweit der Besteller von dem Dritten für das versprochene Werk wegen dessen Herstellung seine Vergütung oder Teile davon erhalten hat. Hat der Besteller dem Dritten wegen möglicher Mängel des Werkes Sicherheit geleistet, gilt dies nur, wenn der Unternehmer dem Besteller Sicherheit in entsprechender Höhe leistet.

(3) Kann der Besteller die Beseitigung eines Mangels verlangen, so kann er nach der Abnahme die Zahlung eines angemessenen Teils der Vergütung verweigern, mindestens in Höhe des Dreifachen der für die Beseitigung des Mangels erforderlichen Kosten.

(4) Eine in Geld festgesetzte Vergütung hat der Besteller von der Abnahme des Werkes an zu verzinsen, sofern nicht die Vergütung gestundet ist.

§ 642 Mitwirkung des Bestellers

(1) Ist bei der Herstellung des Werkes eine Handlung des Bestellers erforderlich, so kann der Unternehmer, wenn der Besteller durch das Unterlassen der Handlung in Verzug der Annahme kommt, eine angemessene Entschädigung verlangen.

(2) Die Höhe der Entschädigung bestimmt sich einerseits nach der Dauer des Verzugs und der Höhe der vereinbarten Vergütung, andererseits nach demjenigen, was der Unternehmer infolge des Verzugs an Aufwendungen erspart oder durch anderweitige Verwendung seiner Arbeitskraft erwerben kann.

§649 Kündigungsrecht des Bestellers

Der Besteller kann bis zur Vollendung des Werkes jederzeit den Vertrag kündigen. Kündigt der Besteller, so ist der Unternehmer berechtigt, die vereinbarte Vergütung zu verlangen; er muss sich jedoch dasjenige anrechnen lassen, was er infolge der Aufhebung des Vertrags an Aufwendungen erspart oder durch anderweitige Verwendung seiner Arbeitskraft erwirbt oder zu erwerben böswillig unterlässt.

Geschäftsführung ohne Auftrag

§ 677 Pflichten des Geschäftsführers

Wer ein Geschäft für einen anderen besorgt, ohne von ihm beauftragt oder ihm gegenüber sonst dazu berechtigt zu sein, hat das Geschäft so zu führen, wie das Interesse des Geschäftsherrn mit Rücksicht auf dessen wirklichen oder mutmaßlichen Willen es erfordert.

§ 678 Geschäftsführung gegen den Willen des Geschäftsherrn

Steht die Übernahme der Geschäftsführung mit dem wirklichen oder dem mutmaßlichen Willen des Geschäftsherrn in Widerspruch und musste der Geschäftsführer dies erkennen, so ist er dem

Geschäftsherrn zum Ersatz des aus der Geschäftsführung entstehenden Schadens auch dann verpflichtet, wenn ihm ein sonstiges Verschulden nicht zur Last fällt.

§ 680 Geschäftsführung zur Gefahrenabwehr

Bezweckt die Geschäftsführung die Abwendung einer dem Geschäftsherrn drohenden dringenden Gefahr, so hat der Geschäftsführer nur Vorsatz und grobe Fahrlässigkeit zu vertreten.

§ 681 Nebenpflichten des Geschäftsführers

Der Geschäftsführer hat die Übernahme der Geschäftsführung, sobald es tunlich ist, dem Geschäftsherrn anzuzeigen und, wenn nicht mit dem Aufschub Gefahr verbunden ist, dessen Entschließung abzuwarten. Im Übrigen finden auf die Verpflichtungen des Geschäftsführers die für einen Beauftragten geltenden Vorschriften der §§ 666 bis 668 entsprechende Anwendung.

§ 683 Ersatz von Aufwendungen

Entspricht die Übernahme der Geschäftsführung dem Interesse und dem wirklichen oder dem mutmaßlichen Willen des Geschäftsherrn, so kann der Geschäftsführer wie ein Beauftragter Ersatz seiner Aufwendungen verlangen. In den Fällen des § 679 steht dieser Anspruch dem Geschäftsführer zu, auch wenn die Übernahme der Geschäftsführung mit dem Willen des Geschäftsherrn in Widerspruch steht.

Ingram Content Group UK Ltd.
Milton Keynes UK
UKHW012053010523
421049UK00004B/363